Luis Fernando Aguas Bucheli

Unity e Mugen Editor: Programação de videojogos a partir do zero

Luis Fernando Aguas Bucheli

Unity e Mugen Editor: Programação de videojogos a partir do zero

Construa mundos virtuais e domine a criação de jogos com o Unity e o Mugen Editor

ScienciaScripts

Cover image: www.ingimage.com

This book is a translation from the original published under ISBN 978-613-9-40742-2.

Publisher:
Sciencia Scripts
is a trademark of
Dodo Books Indian Ocean Ltd. and OmniScriptum S.R.L publishing group

120 High Road, East Finchley, London, N2 9ED, United Kingdom
Str. Armeneasca 28/1, office 1, Chisinau MD-2012, Republic of Moldova, Europe
Printed at: see last page
ISBN: 978-620-8-24644-0

Conteúdo

INTRODUÇÃO

Num mundo de tecnologia em constante evolução, o desenvolvimento de jogos de vídeo tornou-se uma das áreas mais dinâmicas e criativas do software. Os jogos de vídeo não representam apenas uma forma de entretenimento, mas também funcionam como uma plataforma para a inovação, a narração interactiva de histórias e a arte digital. Neste contexto, o Unity e o C# estabeleceram-se como ferramentas fundamentais para programadores novatos e experientes.

O Unity, um motor de jogo amplamente utilizado, fornece uma plataforma robusta e flexível para a criação de experiências interactivas em 2D e 3D. Com a sua interface intuitiva e o seu poderoso conjunto de funcionalidades, o Unity permite que os programadores dêem vida às suas ideias, desde simples jogos móveis a complexas aplicações de realidade virtual. Por outro lado, o C# é a principal linguagem de programação utilizada no Unity, conhecida pela sua simplicidade e eficiência, tornando-a acessível para principiantes e suficientemente poderosa para programadores avançados.

Este livro, criado por Luis Fernando Aguas, fundador da Aguaszoft, uma empresa com uma profunda paixão pela tecnologia e pela educação, foi concebido para o guiar através da excitante viagem de aprendizagem de Unity e C#. Na Aguaszoft, acreditamos que a educação é a chave para desbloquear o potencial criativo de cada indivíduo. Por isso, desenvolvemos este recurso com o objetivo de proporcionar uma aprendizagem estruturada e compreensível, permitindo aos leitores não só adquirir conhecimentos técnicos, mas também inspirar-se e motivar-se para criar os seus próprios projectos.

Ao longo das páginas deste livro, exploraremos os fundamentos do Unity e do C#, cobrindo tudo, desde conceitos básicos até técnicas avançadas. Começaremos com uma introdução à interface Unity e aos seus principais componentes, e depois mergulharemos na programação com C#. Aprenderá a criar e gerir objectos em Unity, a aplicar física e animações e a desenvolver uma lógica de jogo robusta e eficiente. Além disso, serão abordados tópicos importantes como a otimização do desempenho, a implementação de interfaces de utilizador e a publicação do jogo em diferentes plataformas.

A abordagem deste livro é prática e orientada para projectos. Acreditamos que a melhor forma de aprender é fazendo, pelo que cada capítulo inclui exemplos e exercícios que lhe permitirão pôr em prática o que aprendeu. Além disso, incluímos projectos completos no final de cada secção, que o desafiarão a aplicar os seus conhecimentos e competências para criar jogos funcionais e

envolventes.
O Unity e o C# não são apenas ferramentas poderosas para o desenvolvimento de jogos, mas também abrem portas a uma vasta gama de aplicações noutros campos, como a simulação, a visualização arquitetónica, a realidade aumentada e a educação. Com as competências que irá adquirir através deste livro, estará preparado para explorar estas oportunidades e levar as suas ideias para o próximo nível.
Na Aguaszoft, estamos empenhados no seu sucesso e crescimento como programador. Este livro é apenas o início da sua jornada. À medida que continua a aprender, encorajamo-lo a juntar-se à nossa comunidade de programadores, onde pode partilhar os seus projectos, receber feedback e colaborar com outros entusiastas de Unity e C#. Juntos, podemos criar experiências interactivas inovadoras e emocionantes que captam a imaginação de jogadores e utilizadores de todo o mundo.
Então, prepare-se para mergulhar no fascinante mundo do desenvolvimento de jogos com Unity e C#. Com o guia e os recursos fornecidos neste livro, terá todas as ferramentas necessárias para transformar as suas ideias em realidade. Bem-vindo à comunidade Aguaszoft e ao início de uma emocionante aventura no desenvolvimento de jogos!

CAPÍTULO 1

Instalar o Unity

1.1 Introdução

A Unity é uma das plataformas de desenvolvimento de jogos mais populares do mundo. Permite aos programadores criar jogos para uma variedade de plataformas, incluindo consolas, PCs, dispositivos móveis e realidade virtual. Neste capítulo, vamos orientá-lo no processo de instalação do Unity, certificando-nos de que o seu ambiente de desenvolvimento está corretamente configurado para começar a criar os seus próprios jogos e aplicações interactivos.

1.2 Requisitos do sistema

Antes de instalar o Unity, certifique-se de que o seu sistema cumpre os requisitos mínimos:

1.2.1 Requisitos para o Windows

- **Sistema operativo**: Windows 7 SP1+, Windows 8, Windows 10 e Windows 11 (64 bits)
- **Processador**: CPU com suporte para instruções SSE2
- **RAM**: 4 GB de RAM (recomenda-se 8 GB)
- **Gráficos**: placa gráfica compatível com DirectX 10 ou superior
- **Espaço em disco**: Mínimo de 5 GB de espaço disponível

1.2.2 Requisitos para macOS

- **Sistema operativo**: macOS 10.12 Sierra e versões posteriores
- **Processador**: CPU com suporte para instruções SSE2
- **RAM**: 4 GB de RAM (recomenda-se 8 GB)
- **Gráficos**: placa gráfica compatível com Metal
- **Espaço em disco**: Mínimo de 5 GB de espaço disponível

1.2.3 Requisitos do Linux

- **Sistema operativo**: Distribuições oficiais suportadas: Ubuntu 16.04, 18.04, 20.04 (64-bit)
- **Processador**: CPU com suporte para instruções SSE2
- **RAM**: 4 GB de RAM (recomenda-se 8 GB)
- **Gráficos**: placa gráfica compatível com OpenGL 3.2 ou superior
- **Espaço em disco**: Mínimo de 5 GB de espaço disponível

1.3 Descarregar o Unity Hub

O primeiro passo para instalar o Unity é descarregar o Unity Hub, uma aplicação que gere as versões, os projectos e as definições do ambiente de desenvolvimento do Unity.

1. Visite o sítio Web oficial do Unity: Unity3d.com.
2. Clique no botão "Começar a utilizar".
3. Selecione o plano que melhor se adapta às suas necessidades (pode começar com o plano Pessoal, que é gratuito para pequenos projectos).
4. Descarregue o Unity Hub para o seu sistema operativo (Windows, macOS, Linux).

1.4 Instalar o Unity Hub

1.4.1 Instalação no Windows

1. Abra o ficheiro descarregado (UnityHubSetup.exe).
2. Siga as instruções do instalador.
3. Quando a instalação estiver concluída, abra o Unity Hub.

1.4.2 Instalação no macOS

1. Abra o ficheiro descarregado (UnityHub.dmg).
2. Arraste o ícone do Unity Hub para a pasta Aplicações.
3. Abra o Unity Hub a partir da pasta Aplicações.

1.4.3 Instalação do Linux

1. Abrir um terminal.
2. Navegue até ao diretório onde o ficheiro do Unity Hub foi descarregado.
3. Execute o seguinte comando para instalar o Unity Hub:
sudo dpkg -i unityhub*.deb
4. Abra o Unity Hub a partir do seu menu de aplicações.

1.5 Configuração inicial do Unity Hub

Quando abrir o Unity Hub pela primeira vez, terá de efetuar algumas configurações iniciais.

1.5.1 Criar uma conta Unity

1. Abrir o Unity Hub.
2. Clique em "Iniciar sessão".
3. Se não tiver uma conta, clique em "Criar uma".
4. Siga as instruções para criar uma conta Unity.

1.5.2 Iniciar sessão no Unity Hub

1. Abrir o Unity Hub.
2. Clique em "Iniciar sessão".
3. Introduza as suas credenciais e clique em "Iniciar sessão".

1.6 Instalar o Unity Editor

Depois de ter configurado o Unity Hub, é altura de instalar o Unity Editor, que é a principal aplicação que irá utilizar para desenvolver os seus projectos.

1.6.1 Selecionar uma versão do Unity

1. Abrir o Unity Hub.
2. Clique no separador "Instalações".
3. Clique em "Adicionar".
4. Selecione a versão do Unity que pretende instalar (recomenda-se que selecione a versão LTS mais recente, que é a versão com suporte a longo prazo).
5. Clique em "Seguinte".

1.6.2 Seleção de módulos adicionais

1. Depois de selecionar a versão do Unity, pode escolher módulos adicionais de acordo com as suas necessidades (por exemplo, suporte para Android, iOS, WebGL, etc.).
2. Selecione os módulos de que necessita e clique em "Seguinte".

1.6.3 Aceitação dos termos e condições

1. Verifique os termos e condições do Unity.
2. Marque a caixa de aceitação e clique em "Concluído".

1.6.4 Instalação

1. O Unity Hub começará a descarregar e a instalar o Unity Editor juntamente com os módulos selecionados.
2. Aguarde a conclusão da instalação. Isto pode demorar algum tempo, dependendo da velocidade da sua ligação à Internet.

1.7 Criar o seu primeiro projeto Unity

Com o Unity instalado, está pronto para criar o seu primeiro projeto.

1.7.1 Criar um novo projeto

1. Abrir o Unity Hub.
2. Clique no separador "Projectos".
3. Clique em "Novo".
4. Introduza um nome para o seu projeto.
5. Selecionar o modelo de projeto (por exemplo, 2D, 3D, HDRP, URP, etc.).
6. Selecione a localização onde pretende guardar o seu projeto.
7. Clique em "Criar".

1.7.2 Explorar a interface do Unity

1. Quando abrir o seu novo projeto, ser-lhe-á apresentada a interface do Unity Editor.
2. Dedique algum tempo a familiarizar-se com os painéis principais: Hierarquia, Cena, Jogo, Inspetor e Projeto.

CAPÍTULO 2

Noções básicas de Unity

Introdução

A Unity é uma das plataformas de desenvolvimento de jogos mais populares e versáteis do mundo. Neste capítulo, vamos explorar as noções básicas do Unity, abrangendo tudo, desde a interface do utilizador até à criação de um projeto simples. Estes fundamentos fornecer-lhe-ão uma base sólida para desenvolver os seus próprios jogos e aplicações interactivas.

2.1.Interface de utilizador Unity

2.1.1. Janela de projeto

A janela Projeto apresenta todos os ficheiros e recursos do seu projeto. É aqui que pode organizar e aceder aos seus recursos, tais como modelos 3D, texturas, scripts e sons.

2.1.2. Janela de Jerarqwa

A janela Jerarqwa apresenta todos os objectos na sua cena atual. Os objectos estão organizados numa estrutura em árvore que reflecte a relação pai-filho entre eles.

2.1.3. Janela de cena

A janela Cena é onde constrói e edita o mundo do jogo. Pode arrastar e largar objectos na cena, movê-los, rodá-los e escalá-los.

2.1.4. Janela de jogo

A janela Jogo mostra uma pré-visualização em tempo real do aspeto que o jogo terá quando for executado. É aqui que pode testar e ajustar a jogabilidade.

2.1.5. Janela do inspetor

A janela Inspetor apresenta as propriedades dos objectos selecionados na janela Hierarquia ou na janela Projeto. Aqui pode modificar componentes e parâmetros para ajustar o comportamento e o aspeto dos objectos.

1.1.1. Criação de um novo projeto

1.1.2. Lançamento do Unity Hub

Para começar, abra o Unity Hub, que é uma aplicação que facilita a gestão de projectos e versões do Unity. Clique em "New Project" para criar um novo projeto.

1.1.3. Seleção de modelos

O Unity oferece vários modelos para diferentes tipos de projectos, tais como jogos 2D, jogos 3D, jogos de realidade virtual e muito mais. Selecione o modelo que melhor se adapta às suas necessidades. Para este capítulo, vamos escolher o modelo 3D.

1.1.4. Configuração do projeto

Atribua um nome ao seu projeto e selecione o local onde este será guardado. Em seguida, clique em "Criar projeto" para iniciar o editor Unity.

2.3.Criação e manipulação de objectos

2.3.1. Criação de objectos

Para criar um objeto, clique com o botão direito do rato na janela do Jerarqwa e selecione "Criar vazio" ou escolha um dos objectos predefinidos, como cubos, esferas ou cápsulas.

2.3.2. Transformações básicas

Os objectos em Unity têm componentes Transform que lhe permitem mover, rodar e escalar objectos. Utilize as ferramentas da barra de ferramentas (Mover, Rodar, Escalar) para ajustar os objectos na janela Cena.

2.4.Componentes e Scripts

2.4.1. Componentes

Os componentes são os blocos de construção que definem o comportamento e o aspeto dos objectos. Todos os objectos têm pelo menos um componente Transform, mas podem ter muitos outros, como Rigidbody para a física, Collider para colisões, etc.

2.4.2. Scripts

Os scripts em Unity são escritos em C# e são usados para adicionar comportamento personalizado aos objectos. Para criar um script, clique com o botão direito do rato na janela Project, selecione "Create > C# Script", dê um nome ao seu script e abra-o no editor de código.

2.5.Sistema de Física e Colisões

2.5.1. Componentes físicos

O Unity fornece componentes como o Rigidbody para aplicar a física aos objectos. Um Rigidbody permite que um objeto se mova de forma realista sob a influência de forças e colisões.

2.5.2. Colisores

Os colisores são componentes que definem a forma de um objeto para efeitos de colisão. Podem ser formas simples, como caixas e esferas, ou formas personalizadas mais complexas.

2.6.Sistema de luz e sombra

2.6.1. Tipos de luzes

O Unity oferece vários tipos de luzes, tais como direcionais, spot e projectores, cada um com as suas próprias propriedades e utilizações.

2.6.2. Definições de sombras

As luzes em Unity podem projetar sombras, acrescentando realismo à cena. As sombras podem ser ajustadas nas propriedades da luz para controlar a sua qualidade e aparência.

2.7.Sistema áudio

2.7.1. Componentes áudio

O Unity fornece componentes como a fonte de áudio para reproduzir sons e música. Uma fonte de áudio pode ser adicionada a qualquer objeto na cena.

2.7.2. Importação e utilização de sons

Para utilizar sons no seu projeto, basta arrastar ficheiros de áudio para a janela Projeto. Pode então atribuir estes ficheiros a uma Fonte de Áudio e reproduzi-los nas alturas apropriadas do jogo.

CAPÍTULO 3

Criar e manipular objectos em Unity com C#

3.1 Introdução

Neste capítulo, aprenderemos a criar e manipular objectos em Unity utilizando a linguagem de programação C#. Veremos como instanciar objectos no mundo do jogo, aplicar transformações e adicionar comportamentos personalizados através de scripts.

3.2 Criar objectos em Unity

3.2.1 Instanciação de Prefabs

Em Unity, um prefab é um modelo de um objeto que pode ser reutilizado no jogo. Os prefabs permitem criar cópias exactas de um objeto e são especialmente úteis para gerar múltiplas instâncias de um inimigo, elementos ambientais ou qualquer outro objeto no jogo.

```
utilizando o UnityEngine;
public class ObjectSpawner : MonoBehaviour
{
public GameObject prefab;
public Transform spawnPoint;
void Start()
{
Instanciar (prefab, spawnPoint.position, spawnPoint.rotation);
}
}
```

Neste exemplo, ObjectSpawner é um script que é anexado a um objeto na cena. O script instancia um pré-fabricado num ponto de desova especificado no início do jogo.

3.3 Tratamento de objectos

3.3.1 Transformações básicas

Cada objeto em Unity tem um componente Transform que armazena a sua posição, rotação e escala. Podemos modificar estes valores para mover, rodar e escalar objectos no mundo do jogo.

```
utilizando o UnityEngine;
public class ObjectMover : MonoBehaviour
{
public float moveSpeed = 5f;
public float rotateSpeed = 50f;
void Atualizar()
```

```
{
// Movimento para a frente e para trás
float move = Input.GetAxis("Vertical") * moveSpeed * Time.deltaTime;
transform.Translate(0, 0, move);
// Rotação
float rotate = Input.GetAxis("Horizontal") * rotateSpeed * Time.deltaTime;
transform.Rotate(0, rotate, 0);
}
}
```

Este script permite-lhe mover um objeto para a frente e para trás utilizando as teclas de setas ou W e S, e rodá-lo para a esquerda e para a direita utilizando as teclas de setas ou A e D.

3.4 Interação entre objectos

3.4.1 Colisões e accionadores

Para detetar colisões entre objectos, temos de adicionar componentes Collider aos objectos e utilizar funções C# para tratar as interações.

```
utilizando o UnityEngine;
public class CollisionDetector : MonoBehaviour
{
void OnCollisionEnter(Colisão collision)
{
Debug.Log("Colisão detectada com " + nome do gameObject da colisão);
}
void OnTriggerEnter(Collider other)
{
Debug.Log("Trigger detectado com " + other.gameObject.name);
}
}
```

- OnCollisionEnter é chamado quando o objeto colide com outro objeto que também tem um Collider e um Rigidbody.
- OnTriggerEnter é chamado quando um objeto entra numa área Trigger designada.

3.5 Adicionar comportamento personalizado

Podemos adicionar scripts personalizados aos nossos objectos para que tenham comportamentos específicos. Por exemplo, um script que faz com que um inimigo persiga o jogador.

```
utilizando o UnityEngine;
```

```
classe pública EnemyAI : MonoBehaviour
{
public Transform player;
public float speed = 2f;
void Atualizar()
{
Vector3 direção = jogador.posição - transform.posição;
direção.Normalizar();
transform.position += direção * velocidade * Time.deltaTime;
}
}
```

Neste exemplo, o inimigo move-se continuamente em direção à posição do jogador.

CAPÍTULO 4

Dominar a programação com guiões em Unity

4.1 Introdução à programação Unity

A Unity é uma plataforma poderosa para o desenvolvimento de jogos e aplicações interactivas 2D e 3D. A programação em Unity é feita principalmente usando a linguagem de programação C#. Este capítulo irá guiá-lo através dos conceitos básicos e avançados de scripting em Unity, fornecendo exemplos práticos e detalhados.

4.2 Configuração do ambiente de desenvolvimento

Antes de começar a programar em Unity, certifique-se de que tem o Unity Hub e a versão mais recente do Unity Editor instalados. Também precisará de um IDE como o Visual Studio ou o Visual Studio Code para editar os seus scripts.

1. **Instalar o Unity Hub e o Unity Editor**: Descarregue e instale o Unity Hub a partir do sítio Web oficial do Unity. Através do Unity Hub, instale a versão do Unity Editor da sua escolha.
2. **Instalar o Visual Studio**: Durante a instalação do Unity, ser-lhe-á dada a opção de instalar o Visual Studio, o que é altamente recomendado para uma integração perfeita.

4.3 Estrutura de scripts em Unity

Um script em Unity é um ficheiro de código que herda da classe MonoBehaviour. Aqui está um exemplo básico de um script C#:

```
utilizando o UnityEngine;
public class MyPrimerScript : MonoBehaviour
{
// Este método é chamado uma vez ao iniciar o jogo void Start()
{
Debug.Log("Olá, Unity!");
}
// Este método é chamado uma vez por fotograma
void Update() {
}
}
```

- Start(): Chamado uma vez quando o script é executado pela primeira vez.
- Update(): Chamado uma vez por quadro e é ideal para lidar com a lógica que precisa ser constantemente verificada.

4.4 Criação e ligação de scripts a objectos

1. **Criar um novo script**:

- No Painel de Projeto, clique com o botão direito do mouse e selecione Criar > Script C#.
- Dê um nome adequado ao seu script (por exemplo, PlayerController).

2. **Vincular o Script a um Objeto**:
   - Arraste e largue o script no objeto em que pretende que seja executado a partir do Painel de Projeto para o objeto na hierarquia.

Em alternativa, selecione o objeto na hierarquia e, no painel Inspetor, clique em Adicionar componente e selecione o seu script.

4.5 Métodos comuns de MonoBehaviour

Unity fornece vários métodos MonoBehaviour que pode substituir para definir o comportamento do seu jogo:

- Awake(): Chamado antes de Start(), ideal para a inicialização que deve ocorrer antes de outros scripts acederem a este objeto.
- FixedUpdate(): Chamado em intervalos fixos, ideal para física.
- LateUpdate(): Chamado após Update(), útil para rastrear objectos que possam ter sido movidos em Update().
- OnCollisionEnter(), OnTriggerEnter(): Métodos para detetar colisões e accionamentos.

4.6 Manipulação de componentes e GameObjects

Um aspeto fundamental da programação em Unity é a manipulação de componentes e de GameObjects. Eis alguns exemplos comuns:

1. **Acesso aos componentes**:

```
void Start()
{
// Aceder à componente Rigidbody do objeto
Corpo rígido rb = GetComponent<Rigidbody>();
rb.AddForce(Vector3.up * 10);
}
```

2. **Instanciar e destruir objectos**:

```
public GameObject prefab;
void Atualizar()
{
se (Input.GetKeyDown(KeyCode.Space))
{
// Instanciar um objeto pré-fabricado
Instanciar (prefab, transform.position, transform.rotation);
}
```

```
}
```

3. **Destruir objectos**:

```
void OnCollisionEnter(Colisão collision)
{
se (collision.gameObject.tag == "Inimigo")
{
Destroy(collision.gameObject);
}
}
```

4.7 Rotinas

As rotinas permitem-lhe executar métodos que podem fazer uma pausa na sua execução e regressar à mesma no quadro seguinte, criando comportamentos temporizados.

```
void Start()
{
StartCoroutine(ExampleCoroutine());
}
IEnumerador ExampleCoroutine()
{
Debug.Log("Iniciar corrotina");
yield return new WaitForSeconds(2);
Debug.Log("2 segundos depois");
}
```

4.8 Práticas avançadas

1. **Delegados e eventos**: Os delegados e os eventos permitem-lhe criar sistemas de notificação e gerir eficazmente as interações entre scripts.

```
delegado público void MyDelegate();
evento estático público MyDelegate OnEvent;
void Start()
{
OnEvent += ResponseMethod;
OnEvent?.Invoke();
}
void MethodResponse()
{
Debug.Log("Evento recebido");
}
```

2. **ScriptableObjects**: Os ScriptableObjects são uma forma eficiente de armazenar dados e criar objectos reutilizáveis.

```
[CreateAssetMenu(fileName = "PlayerData", menuName = "PlayerData")]
public class PlayerData : ScriptableObject
{
string pública name;
saúde pública int;
}
```

4.9 Depuração e otimização

1. **Depuração de depuração**: Use Debug.Log, Debug.Warning e Debug.Error para depurar e rastrear problemas no seu código.

```
Debug.Log("Mensagem de depuração");
Debug.LogWarning("Aviso");
Debug.LogError("Erro");
```

2. **Otimização**:

- o Minimizar a utilização de Update() sempre que possível.
- o Utilize o Object Pooling para lidar com a instanciação e destruição frequentes de objectos.
- o Optimiza a utilização da física e das colisões, configurando corretamente os componentes de colisão.

CAPÍTULO 5

Física e colisões em Unity 2D

Neste capítulo, vamos explorar os conceitos fundamentais de física e colisões em Unity 2D. Aprenderá a utilizar o sistema de física do Unity para dar vida aos seus objectos num ambiente 2D e a gerir as colisões entre eles.

5.1 Introdução à lógica 2D do Unity

O Unity fornece um motor de física robusto para simular o comportamento realista de objectos num ambiente 2D. Isto inclui a gravidade, as forças e as colisões.

5.1.1 Configuração do sistema de Física

Para começar a utilizar a física em Unity 2D, deve certificar-se de que os seus objectos têm componentes Rigidbody2D e Collider2D. Estes componentes permitem que os objectos interajam fisicamente uns com os outros^ e respondam a forças e colisões.

5.2 Componentes musicais

5.2.1 Corpo rígido2D

O componente Rigidbody2D permite que um objeto seja controlado pelo motor de física. Isto inclui a aplicação de forças, velocidade e outras propriedades físicas. Para adicionar um Rigidbody2D a um objeto:

1. Selecionar o objeto na hierarquia.
2. Vá para o Inspetor e clique em "Adicionar componente".
3. Procurar e selecionar "Rigidbody2D".

Propriedades principais do Rigidbody2D:

- **Massa:** Define a massa do objeto.
- **Escala de gravidade:** Controla a gravidade que afecta o objeto.
- **Arrastar:** Controla a resistência ao movimento.

5.2.2 Collider2D

O Collider2D define a forma do objeto para deteção de colisão. Existem vários tipos de colisores que pode utilizar, como o Box Collider 2D, o Circle Collider 2D e o Polygon Collider 2D.

Para adicionar um Collider2D:

1. Selecionar o objeto na hierarquia.
2. Vá para o Inspetor e clique em "Adicionar componente".
3. Pesquise e selecione o tipo de Collider2D de que necessita (por exemplo, "Box Collider 2D").

5.3 Gestão de colisões

Unity fornece vários métodos para detetar e responder a colisões entre objectos. Estes métodos são implementados em scripts ligados a objectos que têm colisores.

5.3.1 Métodos de colisão

- **OnCollisionEnter2D:** Chamado quando o objeto começa a colidir com outro objeto.
- **OnCollisionStay2D:** Chamado a cada frame enquanto o objeto ainda está a colidir com outro objeto.
- **OnCollisionExit2D:** Chamado quando o objeto deixa de colidir com outro objeto.

```
void OnCollisionEnter2D(Collision2D collision)
{
Debug.Log("Colisão detectada com: " + collision.gameObject.name);
}
```

5.3.2 Métodos de acionamento

Para além das colisões normais, o Unity também permite a utilização de "Triggers", que são colisores que não produzem uma resposta física, mas que podem ser utilizados para detetar interações.

- **OnTriggerEnter2D:** Chamado quando outro colisor entra no gatilho.

OnTriggerStay2D: Chamado a cada frame enquanto outro collider está dentro do trigger.

OnTriggerExit2D: Chamado quando outro colisor sai do gatilho.

```
void OnTriggerEnter2D(Collider2D other)
{
Debug.Log("Acionador ativado por: " + other.gameObject.name);
}
```

5.4 Aplicação de forças e movimentos

O Unity permite aplicar forças a objectos com o Rigidbody2D para simular movimentos mais realistas.

5.4.1 Aplicar força

Pode aplicar força a um Rigidbody2D utilizando o método AddForce.

```
Rigidbody2D rb = GetComponent<Rigidbody2D>();
rb.AddForce(new Vector2(10f, 0f), ForceMode2D.Impulse);
```

5.4.2 Aplicar velocidade

Também é possível alterar diretamente a velocidade de um Rigidbody2D.

```
Rigidbody2D rb = GetComponent<Rigidbody2D>();
rb.velocity = new Vector2(5f, 0f);
```

5.5 Exemplo prático: criar uma personagem jogável

Vamos criar uma personagem que se pode mover e saltar utilizando a física 2D do Unity.

5.5.1 Configuração de caracteres

1. Crie um objeto 2D (por exemplo, um sprite) e dê-lhe o nome de "Jogador".
2. Adiciona um componente Rigidbody2D ao objeto "Player".
3. Adicione um Box Collider2D para definir a forma do colisor.

5.5.2 Guião de movimento

Crie um script chamado PlayerMovement e anexe-o ao objeto "Player".

```
utilizando o UnityEngine;
public class PlayerMovement : MonoBehaviour
{
public float moveSpeed = 5f;
public float jumpForce = 10f;
private Rigidbody2D rb;
void Start()
{
rb = GetComponent<Rigidbody2D>();
}
void Atualizar()
{
float moveInput = Input.GetAxis("Horizontal");
rb.velocity = new Vector2(moveInput * moveSpeed, rb.velocity.y);
se (Input.GetButtonDown("Jump") && Mathf.Abs(rb.velocity.y) < 0,01f)
{
rb.AddForce(new Vector2(0f, jumpForce), ForceMode2D.Impulse);
}
}
}
```

CAPÍTULO 6

Desenvolvimento 3D em Unity

6.1 Introdução ao Unity 3D

6.1.1 O que é o Unity?

O Unity é um motor de desenvolvimento de jogos multiplataforma utilizado para criar aplicações 2D e 3D interactivas. Fornece um ambiente de desenvolvimento intuitivo e ferramentas poderosas para conceber, desenvolver e implementar jogos e aplicações em várias plataformas, como PC, consolas, dispositivos móveis e realidade virtual.

6.1.2 Instalação e configuração do Unity

Para começar a utilizar o Unity, primeiro tem de descarregar o Unity Hub a partir do sítio Web oficial do Unity (https://unity.com/). O Unity Hub permite-lhe instalar diferentes versões do Unity, gerir os seus projectos e aceder a recursos de aprendizagem. Uma vez instalado o Unity Hub, pode selecionar a versão do Unity que pretende instalar e configurar os módulos necessários para o seu projeto.

6.1.3 Interface Unity

A interface do Unity é composta por várias janelas e painéis que facilitam o desenvolvimento de jogos e aplicações. Algumas das principais janelas são:

- **Cena**: É aqui que pode construir e organizar o seu mundo 3D.
- **Jogo**: Mostra o aspeto que o jogo terá quando for executado.
- **Hierarquia**: Apresenta todos os objectos na cena atual.
- **Projeto**: contém todos os activos do seu projeto.
- **Inspetor**: Apresenta e permite-lhe editar as propriedades do objeto selecionado.

6.2 Criação de objectos 3D

6.2.1 Tipos de objectos 3D em Unity

Unity permite-lhe criar diferentes tipos de objectos 3D, tais como primitivos (cubos, esferas, cilindros, etc.), modelos importados e objectos personalizados. Os primitivos são úteis para a criação rápida de protótipos e para a construção básica de cenas.

6.2.2 Importação de modelos 3D

Pode importar modelos 3D criados em software externo, como o Blender, Maya ou 3ds Max. Para importar um modelo, basta arrastá-lo para a pasta Assets em Unity. Unity suporta formatos comuns como FBX, OBJ e Collada.

6.2.3 Criação e manipulação de primitivas

Para criar uma primitiva, vá ao menu Objeto de Jogo > Objeto 3D e selecione o tipo de objeto que pretende criar. Uma vez criado, pode mover, rodar e escalar o objeto utilizando as ferramentas de transformação no canto superior esquerdo da interface.

6.3 Materiais e texturas

6.3.1 Introdução aos materiais

Os materiais em Unity determinam o aspeto da superfície de um objeto. Um material pode ter várias propriedades, como a cor, a textura e a refletividade. É possível criar um novo material na pasta Assets e atribuí-lo a um objeto arrastando-o para o componente Renderer do objeto.

6.3.2 Aplicação de texturas

As texturas são imagens que são aplicadas à superfície de um material para lhe dar mais detalhes. Para aplicar uma textura, basta arrastá-la para o campo de albedo do material no Inspetor.

6.3.3 Shaders e efeitos visuais

Os shaders são pequenos programas que determinam como um objeto é renderizado no ecrã. O Unity fornece uma variedade de shaders padrão, mas também é possível criar shaders personalizados usando a linguagem ShaderLab ou HLSL.

6.4 Iluminação

6.4.1 Tipos de luzes em Unity

O Unity oferece vários tipos de luzes para iluminar as suas cenas 3D:

- **Luz direcional**: Simula a luz solar, ilumina toda a cena numa direção específica.
- **Luz pontual**: Emite luz em todas as direcções a partir de um ponto específico, semelhante a uma lâmpada.
- **Spot Light**: Emite luz num cone, útil para projectores e lanternas.
- **Luz de área**: emite luz a partir de uma superfície retangular (apenas disponível na renderização avançada).

6.4.2 Configuração da iluminação global

A iluminação global no Unity inclui a iluminação ambiente e o mapeamento de luz. Pode ajustar a iluminação ambiente a partir do menu Janela > Renderização > Iluminação. Aqui também pode configurar o mapeamento de luz para melhorar o desempenho e a qualidade visual da sua cena.

6.4.3 Sombras e efeitos de iluminação

As sombras conferem realismo à sua cena. Pode ativar e configurar as sombras nas propriedades da luz. O Unity também oferece efeitos de iluminação avançados, como bloom, luzes volumétricas e luzes dinâmicas.

6.5 Física e colisões

6.5.1 O sistema de caraterísticas do Unity

O Unity tem um motor de física incorporado que simula as interações físicas entre objectos. Pode adicionar componentes como o Rigidbody para fazer com que os objectos respondam à gravidade e a outras forças físicas.

6.5.2 Colisões e accionadores

As colisões são tratadas utilizando colisores, que são componentes que definem a forma de colisão de um objeto. Os accionadores são colisores que não respondem fisicamente às colisões, mas podem detetar quando um objeto entra ou sai deles.

6.5.3 Corpos rígidos e controlo de movimentos

Os corpos rígidos permitem que os objectos sejam afectados por forças físicas, como a gravidade e as colisões. É possível controlar o movimento de um objeto através de scripts que aplicam forças ou modificam propriedades de corpos rígidos.

6.6 Animações

6.6.1 Sistema de animação em Unity

O sistema de animação do Unity permite-lhe criar e controlar animações complexas. Utilize o Animator Controller para gerir e reproduzir animações nos seus objectos.

6.6.2 Criação de animações

Pode criar animações diretamente no Unity utilizando a janela Animação. Esta ferramenta permite-lhe gravar e editar animações quadro a quadro.

6.6.3 Controlo da animação por scripts

Pode controlar as animações com script utilizando o componente Animator. Isto permite-lhe reproduzir, pausar e alterar animações em resposta a eventos do jogo.

6.7 Áudio

6.7.1 Importar ficheiros áudio

Para importar ficheiros de áudio, basta arrastá-los para a pasta Assets. Unity suporta formatos comuns como WAV, MP3 e OGG.

6.7.2 Configuração das fontes de áudio e dos ouvintes de áudio

Um AudioSource é um componente que reproduz sons. Um AudioListener é um componente que ouve sons, normalmente ligado à câmara principal. Pode configurar estes componentes para reproduzir e controlar o áudio na sua cena.

6.7.3 Controlo de áudio através de scripts

Pode utilizar scripts para controlar o AudioSource, permitindo-lhe reproduzir, pausar e ajustar o volume do áudio de forma dinâmica durante o jogo.

CAPÍTULO 7

Integração do Unity com consolas de videojogos

Neste capítulo, vamos explorar como Unity facilita a integração de jogos com algumas das consolas de videojogos mais populares do mercado. Da PlayStation e Xbox à Nintendo Switch e muito mais, Unity oferece ferramentas poderosas que permitem aos programadores levar as suas criações a estas plataformas cobiçadas.

Plataformas suportadas

O Unity suporta uma vasta gama de consolas de videojogos, fornecendo aos programadores acesso direto a plataformas como a PlayStation (PS4, PS5), Xbox (Xbox One, Xbox Series X|S), Nintendo Switch e outras consolas menos comuns, mas igualmente importantes.

SDKs e documentação

Cada consola tem o seu próprio SDK (kit de desenvolvimento de software) que os programadores devem integrar no Unity. Estes SDKs permitem o acesso a caraterísticas específicas da consola, como controlos de utilizador, funcionalidade de rede e otimização do desempenho. Unity simplifica este processo fornecendo documentação detalhada e exemplos práticos para cada plataforma.

Otimização do desempenho

Para tirar o máximo partido das capacidades das consolas, o Unity permite que os programadores optimizem os seus jogos em termos de utilização de memória, processamento gráfico avançado e eficiência de armazenamento. Isto garante que os jogos podem proporcionar uma experiência suave e de alta qualidade em todas as plataformas suportadas.

Certificação e publicação

Antes do lançamento de um jogo numa consola, é crucial cumprir as normas de certificação da respectiva plataforma. A Unity facilita este processo fornecendo ferramentas integradas para testar e resolver potenciais problemas antes da certificação final.

Acesso a caraterísticas específicas

Cada consola tem caraterísticas únicas de que os programadores podem tirar partido, como sensores especiais, funcionalidade de realidade virtual e capacidades de transmissão. A Unity oferece acesso a estas caraterísticas através das suas API e ferramentas de desenvolvimento, permitindo aos criadores inovar e diferenciar os seus jogos no mercado.

CAPÍTULO 8

Otimização e desenvolvimento para dispositivos móveis em Unity

Neste capítulo, vamos explorar a forma de otimizar e desenvolver jogos para dispositivos móveis utilizando Unity. Os dispositivos móveis apresentam desafios únicos devido às suas limitações de hardware e à variabilidade das capacidades de desempenho. Aprenderemos estratégias-chave para garantir que os nossos jogos são eficientes e proporcionam uma experiência de utilizador óptima.

Introdução à otimização móvel:

Os dispositivos móveis, como os smartphones e os tablets, têm recursos limitados em comparação com as plataformas de computador e de consola. É fundamental compreender estas limitações para otimizar os nossos jogos e proporcionar uma experiência suave e envolvente. A otimização não só melhora o desempenho, como também pode prolongar a duração da bateria e reduzir os problemas de aquecimento do dispositivo.

Configuração do projeto em Unity:

Ao iniciar um projeto em Unity para dispositivos móveis, é crucial fazer ajustes específicos. Isto inclui a configuração inicial do projeto adaptada às caraterísticas das plataformas móveis, como o iOS e o Android. A seleção adequada da plataforma e a configuração do desempenho são passos fundamentais para otimizar o desempenho do jogo em diferentes dispositivos.

Otimização de recursos:

A gestão eficiente de recursos como texturas, modelos e animações é essencial para manter um desempenho ótimo. A utilização de técnicas LOD (Level of Detail) para reduzir a contagem de polígonos dos modelos 3D e o ajuste da qualidade das texturas através da compressão são as melhores práticas para minimizar a utilização de memória sem comprometer a qualidade visual.

Otimização da renderização:

Para melhorar a eficiência da renderização em dispositivos móveis, é essencial implementar técnicas como o culling para evitar a renderização de objectos fora do campo de visão do jogador. A utilização de batching, que agrupa objectos semelhantes para reduzir o número de passos de renderização, e o controlo da resolução e da densidade de p^xel são estratégias adicionais para otimizar o desempenho gráfico.

Otimização de códigos e scripts:

Identificar e corrigir os estrangulamentos no código é crucial para otimizar o desempenho geral do jogo. A utilização de conjuntos de objectos para gerir eficazmente os recursos dinâmicos e a aplicação de algoritmos optimizados para a física e a lógica do jogo são práticas eficazes para melhorar a eficiência do código e reduzir o consumo de recursos.

Testes e definição de perfis:

O processo de teste em dispositivos móveis reais e simuladores é essencial para validar o desempenho e a estabilidade do jogo. A utilização das ferramentas Unity para análise e criação de perfis de desempenho permite-lhe identificar áreas de melhoria e efetuar ajustes com base em métricas concretas obtidas durante os testes.

Adaptação dos controlos e da interface do utilizador para telemóveis:

A conceção de controlos tácteis intuitivos e com capacidade de resposta é essencial para otimizar a jogabilidade nos dispositivos móveis. A adaptação da interface do utilizador a diferentes resoluções e rácios de aspeto, bem como a implementação de feedback háptico e sonoro, contribuem significativamente para melhorar a experiência do utilizador em dispositivos móveis.

Otimização final e publicação:

Antes do lançamento do jogo, é crucial efetuar os ajustes finais e testes exaustivos para garantir que o jogo cumpre os padrões de desempenho e qualidade esperados. A preparação de pacotes de distribuição optimizados para lojas de aplicações como a App Store e o Google Play é o último passo antes de lançar o jogo no mercado. Além disso, a definição de estratégias para manter e atualizar o jogo após o lançamento é fundamental para responder ao feedback dos utilizadores e melhorar continuamente a experiência.

CAPÍTULO 9

Implementação de IA em Unity: Movimento e tomada de decisões

Introdução

Neste capítulo, vamos explorar a forma de integrar a inteligência artificial nos seus jogos Unity. Concentrar-nos-emos em dois aspectos fundamentais: o movimento de agentes controlados por IA e a tomada de decisões baseada no comportamento.

Secção 1: Configuração do ambiente e dos intervenientes

1. **Preparar o ambiente de desenvolvimento**
   - o Configuração do Unity para o desenvolvimento da IA.
     - Abra o Unity e crie um novo projeto ou utilize um já existente.
     - Certifique-se de que tem as ferramentas de IA necessárias instaladas no Unity, como o sistema de navegação NavMesh.
     - Importar pacotes adicionais conforme necessário para comportamentos específicos.
2. **Criação de agentes controlados por IA**
   - o Conceção de personagens ou entidades que actuarão como agentes.
     - Crie modelos de personagens ou selecione os activos disponíveis.
     - Atribuir componentes básicos, como Rigidbody para a física e Colliders para a deteção de colisões.
     - Configurar animações básicas, se necessário, para o movimento.

Secção 2: Movimento controlado por IA

1. **Implementação de sistemas de movimento**
   - o Movimento de base: movimento linear e rotativo.
     - Criar scripts C# para controlar o movimento do agente.
     - Implementa funções para mover o agente numa direção específica utilizando transformações.
     - Gere a rotação do agente para o virar na direção correta do movimento.
   - o Utilização da física e das colisões para evitar obstáculos.
     - Integra colisores e raycasts para detetar obstáculos à frente do agente.
     - Implementa a lógica para desviar o movimento ou evitar colisões.
   - o Integração de rotas e patrulhas predefinidas.
     - Define pontos de passagem ou pontos de patrulha para o agente.
     - Desenvolve um sistema para o agente seguir uma rota predefinida utilizando pontos de passagem.
2. **Inteligência de navegação**
   - o Utilização de sistemas de navegação como o NavMesh para uma deslocação

eficiente.

- Configure uma NavMesh na sua cena para definir áreas de navegação.
- Atribua componentes NavMeshAgent ao seu agente para que este possa navegar utilizando o NavMesh.
- Programar comportamentos para o agente se deslocar para destinos específicos dentro da NavMesh.

Secção 3: Tomada de decisões e comportamentos

1. **Introdução ao comportamento**

o Definição de comportamentos básicos e complexos.

- Estabelece diferentes estados de comportamento para o agente (patrulhamento, seguimento, evasão, espera, etc.).
- Define transições entre estados com base em condições específicas (por exemplo, deteção de jogadores, colisão com obstáculos, etc.).

o Utilização de máquinas de estado para gerir estados comportamentais.

- Implementa uma máquina de estados utilizando padrões como o Estado ou a Árvore de Comportamento.
- Planeia transições suaves entre estados para que o agente responda de forma coerente ao seu ambiente.

2. **Aplicação da lógica de decisão**

o Conceção de algoritmos para decidir acções com base em objectivos e condições.

- Desenvolve algoritmos de tomada de decisão para o agente selecionar acções como seguir o jogador, procurar objectos ou atacar inimigos.
- Utiliza técnicas de IA como a pesquisa A* para planear rotas para alvos específicos.

o Exemplos de comportamentos: patrulhamento, procura, evasão, seguimento.

- Implementa comportamentos específicos utilizando os algoritmos e a lógica desenvolvidos.
- Testar e ajustar estes comportamentos para garantir que são eficazes e realistas no contexto do jogo.

Secção 4: Otimização e depuração

1. **Otimização do desempenho**

o Gestão dos recursos e otimização dos cálculos de IA.

- Minimiza a utilização de recursos através do controlo da frequência de atualização da IA.
- Traça perfis de desempenho para identificar e corrigir estrangulamentos.

o Testes de desempenho e definição de perfis de código.

▪ Utilize as ferramentas do Unity para avaliar o desempenho da sua IA.

▪ Efetuar testes exaustivos para garantir que a IA funciona eficazmente mesmo em condições exigentes.

2. **Depuração comportamental**

o Utilização de ferramentas de depuração em Unity para acompanhar as decisões da IA.

▪ Implementa registos e visualizações na interface do utilizador para mostrar o estado interno da IA.

▪ Utilize o modo de depuração do Unity para inspecionar variáveis e estados comportamentais em tempo real.

o Correção de erros comuns e melhoria da lógica comportamental.

▪ Identifica e corrige erros lógicos nos comportamentos da IA.

▪ Itera sobre a conceção comportamental para melhorar a jogabilidade e a interação dos jogadores com agentes controlados por IA.

CAPÍTULO 10

Avanços na tecnologia futurista com Unity

O Unity evoluiu para além de ser uma simples plataforma de desenvolvimento de jogos. Graças aos avanços revolucionários da inteligência artificial e da realidade aumentada, a Unity tornou-se o centro nevrálgico da interação digital global.

Inteligência Artificial Avançada: A IA da Unity, alimentada por algoritmos de aprendizagem profunda, não só alimentou personagens e ambientes virtuais em jogos, como também foi fundamental na automatização de tarefas complexas na vida quotidiana. Desde assistentes virtuais pessoais a sistemas de diagnóstico médico assistidos por IA, a IA da Unity transformou a forma como interagimos com a tecnologia.

Realidade aumentada omnipresente: A integração da Unity com tecnologias de realidade aumentada criou um mundo onde a fronteira entre o digital e o físico se esbateu. Desde óculos de realidade aumentada que fornecem informações contextuais instantâneas a simulações interactivas em tempo real de espaços urbanos, a Unity AR redefiniu a experiência humana em ambientes virtuais e reais.

Simulação completa do ambiente: Com a sua capacidade de lidar com grandes quantidades de dados e processar modelos complexos, o Unity tornou-se a plataforma de eleição para a simulação de sistemas complexos. Desde simulações climáticas globais a planeamento urbano e exploração espacial virtual, o Unity permite aos cientistas e planeadores prever e modelar cenários com um nível de detalhe sem precedentes.

Colaboração global em tempo real: A infraestrutura de rede avançada do Unity permitiu a colaboração global em tempo real em projectos de grande escala. Equipas de investigadores, designers e programadores podiam trabalhar em conjunto virtualmente como se estivessem fisicamente presentes no mesmo local, facilitando descobertas científicas, avanços tecnológicos e criações artísticas nunca antes imaginadas.

CAPÍTULO 11

Implementação de Inteligência Artificial para Ghosts

Objetivo do capítulo

Neste capítulo, vamos aprender a implementar inteligência artificial (IA) para os fantasmas no nosso jogo Pacman. Utilizaremos algoritmos clássicos para controlar o movimento dos fantasmas e melhorar a jogabilidade.

Conteúdo do capítulo

1. **Revisão do projeto Ghost**

o Antes de começarmos com a implementação da IA, vamos rever o design atual dos fantasmas no nosso jogo. Vamos recordar os seus comportamentos básicos e a forma como interagem com o Pacman.

2. **Introdução à IA do Phantom**

o A inteligência artificial desempenha um papel crucial nos jogos modernos, influenciando diretamente a experiência do jogador. No nosso jogo Pacman, a IA dos fantasmas determinará a forma como perseguem o Pacman e como evitam os obstáculos.

3. **Implementação do comportamento básico**

o Vamos começar por implementar um comportamento básico para os fantasmas. Nesta fase, os fantasmas podem mover-se aleatoriamente pelo labirinto, sem se preocuparem com o Pacman. Isto servirá como uma base sobre a qual construiremos comportamentos mais complexos.

```
// Implementação básica de movimento aleatório para um fantasma void
MoveRandomly() {
// Lógica para mover o fantasma aleatoriamente pelo labirinto
}
```

4. **Algoritmo de determinação de trajetória**

o Introduziremos um algoritmo de procura de caminhos para permitir que os fantasmas persigam o Pacman de forma mais inteligente. Utilizaremos o algoritmo A* (A-star), que é eficiente para jogos de labirinto e permite encontrar o caminho mais curto entre dois pontos.

```
// Implementação básica de pathfinding (A*) para fantasmas perseguirem o
Pacman
void MoveTowardsPacman() {
// Implementação de A* para encontrar o caminho para Pacman
}
```

5. **Gestão de obstáculos e decisões de movimento**

o Os fantasmas devem ser capazes de evitar obstáculos, como paredes e outros fantasmas. Vamos implementar uma lógica para que os fantasmas tomem decisões inteligentes de movimento, escolhendo rotas alternativas quando encontrarem um obstáculo no seu caminho para o Pacman.

// Implementação de lógica para evitar obstáculos e decisões de movimento
void AvoidObstaclesAndMakeDecisions() {
// Lógica para evitar obstáculos e tomar decisões com base no ambiente }

6. **Afinação e otimização**

o Vamos ajustar os parâmetros da IA para equilibrar a dificuldade do jogo. Asseguraremos que os fantasmas são desafiantes, mas não impossíveis de evitar pelo Pacman. Também vamos otimizar o desempenho da IA para garantir que o jogo corre sem problemas, mesmo em dispositivos menos potentes.

7. **Capítulo Desafio**

o Implementar um sistema de IA para os fantasmas que lhes permita perseguir o Pacman de forma eficaz. Certifica-te de que os fantasmas conseguem navegar pelo labirinto, evitar obstáculos e criar uma experiência desafiante para o jogador.

CAPÍTULO 12

Desenvolvimento de níveis com o Editor Mugen

Objetivo do capítulo

Neste capítulo, vamos explorar como utilizar o editor de níveis do Mugen para criar cenários personalizados e adicionar profundidade visual e jogável ao teu jogo de luta. Aprenderemos a gerir camadas, a importar recursos gráficos e a configurar interações para criar experiências de jogo únicas.

Conteúdo do capítulo

1. **Introdução ao editor Mugen**

O editor de níveis do Mugen é uma ferramenta essencial para personalizar os jogos de luta, permitindo aos programadores e designers criar cenários únicos adaptados à estética e à mecânica do jogo. Este capítulo centrar-se-á na forma de utilizar eficazmente esta ferramenta para maximizar o potencial visual e jogável do jogo.

2. **Interface do editor**

o Ao iniciar o editor Mugen, somos confrontados com uma interface dividida em áreas-chave:

- **Painéis de ferramentas:** Aqui encontra opções para gerir camadas, adicionar elementos decorativos e configurar as propriedades das camadas.
- **Painel Camadas:** Permite-lhe gerir as camadas do nível, essenciais para criar profundidade visual através da utilização de elementos de fundo e de primeiro plano.
- **Painel de objectos:** onde são adicionados e geridos os elementos interactivos do nível, como plataformas móveis, portas ou armadilhas.
- **Área de visualização:** onde o nível é pré-visualizado enquanto está a ser concebido.

3. **Configuração de camadas e fundos**

o As camadas são essenciais para criar a ilusão de profundidade e movimento no jogo. O editor Mugen permite-lhe configurar várias camadas com diferentes velocidades de deslocação (paralaxe) para simular movimento e criar fundos dinâmicos.

- **Adicionar e gerir camadas:** Utilize as opções do painel de camadas para criar novas camadas, ajustar a sua ordem e definir a velocidade de deslocação.
- **Definições de fundo: Importe** activos gráficos para fundos estáticos ou animados. Ajuste a posição e o movimento de cada camada de fundo conforme necessário.

4. **Importação e edição de gráficos**

o Para manter a coerência visual do jogo, é fundamental importar e editar os gráficos corretamente.

- **Importação de sprites:** Utilize ferramentas de importação para adicionar sprites de personagens, objectos e fundos ao seu projeto Mugen.
- **Edição e otimização:** Ajuste os sprites para corresponderem ao estilo artístico do jogo e optimize o tamanho do ficheiro para melhorar o desempenho.

5. **Configuração de objectos interactivos**

o Os objectos interactivos enriquecem a jogabilidade, proporcionando desafios e mecanismos únicos aos jogadores.

- **Adicionar objectos interactivos:** Utilize o painel de objectos para selecionar e colocar itens como plataformas móveis, interruptores ou armadilhas.
- **Definições de propriedades:** Define as propriedades e os comportamentos de cada objeto interativo, como o seu movimento, a ativação pelo jogador ou as condições de desativação.

6. **Otimização e testes**

o À medida que desenvolve o nível, é importante otimizar o seu desempenho e realizar testes exaustivos para garantir uma experiência de jogo suave e sem erros.

- **Otimização do desempenho:** Reduzir a utilização de recursos ajustando o número de camadas e o tamanho do sprite conforme necessário.
- **Testes de jogabilidade:** Realiza testes para verificar a funcionalidade dos objectos interactivos, a navegação do jogador e a coerência visual.

7. **Desafio do Capítulo**

o Para pôr em prática o que aprendeste, cria um nível completo utilizando o editor Mugen. Certifique-se de que implementa várias camadas com fundos dinâmicos e, pelo menos, um elemento interativo para melhorar a experiência de jogo.

Introdução:

Neste capítulo especial do Mugen Editor, exploramos a nostalgia e a influência dos jogos clássicos na criação contemporânea de personagens e ambientes de jogos de luta. Da arcada às consolas retro, muitos destes jogos deixaram uma marca indelével na cultura dos jogos.

1. *Street Fighter II: A Revolução da Luta*

- **Personagens inspiradas:** Criação de personagens que prestam homenagem a lutadores icónicos de Street Fighter II, como Ryu, Chun-Li e Blanka. Inclusão de movimentos e técnicas caraterísticos do lendário jogo da Capcom.
- **Fases emblemáticas:** Desenhos de fases que captam a essência dos locais mais famosos de Street Fighter II, como o Templo Kanzuki e o Ringue de Sumo.

2. *Mortal Kombat: A Batalha Sangrenta pela Supremacia*

- **Fatalities e Brutalities:** Implementação de movimentos de finalização e sequências de finalização que lembram os famosos Fatalities e Brutalities do Mortal Kombat. Detalhes gráficos e sonoros para aumentar a intensidade e a emoção dos combates.
- **Arena de Torneio:** Criação de um palco inspirado no clássico palco de torneio do Mortal Kombat, com detalhes interactivos e armadilhas mortais.

3. *Super Smash Bros: O Crossover Lendário*

- **Cameos e Crossovers:** Incorporação de personagens convidadas de outros jogos clássicos e contemporâneos, permitindo confrontos épicos entre konos do mundo dos videojogos.
- **Níveis Inspirados:** Cenários que combinam elementos de vários universos de jogos, oferecendo desafios únicos e visualmente espectaculares.

PRÁTICAS LABORATORIAIS

A Unity é uma plataforma de desenvolvimento de jogos de vídeo e experiências interactivas em 3D e 2D, amplamente utilizada na indústria pela sua versatilidade e potência. Fornece aos programadores um conjunto completo de ferramentas para criar e otimizar jogos de vídeo, simulações e aplicações de realidade virtual e aumentada.

Objectivos do curso

O principal objetivo destas práticas laboratoriais é apresentar aos alunos a utilização do Unity como uma ferramenta para o desenvolvimento de jogos de vídeo e aplicações interactivas. No final do curso, os alunos deverão ser capazes de:

- Compreender os conceitos básicos da interface Unity.
- Utilize o motor gráfico Unity para criar cenas e personagens.
- Implementar scripts C# para controlar o comportamento dos objectos do jogo.
- Aplicar técnicas básicas de física e animação nos seus projectos.
- Desenvolver um projeto completo desde a ideia inicial até um protótipo jogável.

Methodolt^a

O curso será conduzido através de uma série de laboratórios práticos que permitirão aos alunos aprender fazendo. Cada prática abordará diferentes aspectos do desenvolvimento Unity, desde os fundamentos até técnicas mais avançadas. Os alunos trabalharão em equipas para incentivar a colaboração e a troca de ideias, e cada sessão incluirá uma breve explicação teórica seguida de exercícios práticos.

Ferramentas e recursos

- **Unity Hub**: Aplicação para gerir instalações e projectos Unity.
- **Unity Editor**: Ambiente de desenvolvimento integrado onde os projectos são criados e editados.
- **C#**: Linguagem de programação utilizada para criar scripts em Unity.
- **Asset Store**: Repositório no Knea onde pode descarregar recursos como modelos, texturas e scripts para utilizar nos seus projectos.

1. **TÓPICO:** Introdução ao Unity
2. **OBJECTIVOS:**

- Familiarizar-se com o Unity enquanto plataforma abrangente para o desenvolvimento de conteúdos 3D interactivos em tempo real.

- Analisar a interface Unity.

3. INTRODUÇÃO:

O Unity é mais do que um motor: é a plataforma líder mundial para criar e operar conteúdos 3D interactivos em tempo real (RT3D). Programadores de jogos, artistas, arquitectos, designers de automóveis e realizadores de cinema, entre outros, utilizam Unity para dar vida aos produtos da sua imaginação.

Entre as principais caraterísticas do Unity:

- **Plataforma abrangente:** Unity não é apenas um motor de jogo, mas também uma plataforma completa para a criação de experiências interactivas. Desde videojogos a aplicações de realidade virtual (RV) e realidade aumentada (RA), Unity cobre tudo.
- **Editor visual:** o Unity Editor fornece uma interface gráfica intuitiva para conceber cenas, importar recursos, ajustar a iluminação e muito mais. É uma ferramenta poderosa para criar mundos virtuais.
- **Comunidade ativa:** Unity tem uma comunidade global de criadores, onde pode partilhar conhecimentos, obter respostas às suas perguntas e procurar inspiração.
- **Aprendizagem gratuita:** o Unity Learn oferece mais de 750 horas de conteúdo de aprendizagem gratuito e sob demanda. Você pode explorar caminhos específicos com base em seus interesses, como noções básicas do Unity, desenvolvimento de VR e muito mais.
- **Descarregar e instalar:** Para começar, descarregue e instale o Unity Editor. Se é novo no Unity, pode utilizar a versão gratuita chamada Unity Personal.

Instalar a unidade seguindo esta ligação: https://unity.com/download

Após a instalação, executamos e é gerada uma página para registo.

Depois de se registar e iniciar sessão:

Será redireccionado para:

Selecionar o campo:
Personalizamos:
Teremos um painel a nível da nuvem
Depois, para criar um projeto, iniciamos sessão no unity hub, seleccionamos todos os modelos e criamos um novo projeto.
Seleccionamos o Microgame Karting
Neste ecrã, vemos um tutorial da construção do jogo:
Podemos observar algumas etapas da construção do videojogo
Vá a Ficheiro, definições do jogo e selecione WebGL
Ter:

5. CONCLUSÕES:

- Os primeiros passos em Unity fornecem uma introdução fundamental ao desenvolvimento de jogos e à interface de utilizador intuitiva de Unity.
- Através da criação de cenas e da manipulação de objectos, os programadores podem começar a construir ambientes e a definir interações.
- Os scripts C# permitem-lhe definir o comportamento dos objectos, incluindo o movimento e a interação com outros elementos do jogo.
- A configuração dos controlos é essencial para proporcionar uma experiência de jogo confortável aos jogadores. Além disso, compreender os conceitos de física e colisões em Unity é crucial para criar jogos interactivos e realistas.
- Em suma, estes primeiros passos lançam as bases para projectos mais complexos e ambiciosos em Unity, oferecendo a oportunidade de criar uma variedade de jogos impressionantes e criativos com prática e dedicação.

6. BIBLIOGRAFIA(A:

Bucheli Waters, L. F. (2023a). Dominando a programação orientada a objetos com Java no NetBeans. Editora Nosso Conhecimento.

- Aguas Bucheli, L. F. (2023b). Mão na Massa: Práticas de Laboratório em Estruturas de Dados. Editora Nosso Saber.
- Aguas, L., Recalde, H., Toasa, R., & Salazar, E. (2023). Projeto de um videogame aplicando uma arquitetura em camadas baseada no framework unity. Em Lecture Notes in Networks and Systems (pp. 535-550). Springer International Publishing.
- Aguas, L. (2023). Modelação 3D do Estádio OKmpico Atahualpa utilizando a metodologia de design hipermédia. Proquest.com. https://proquest.com/openview/dc587bdc2c3025c64fc7f9f423a34c38/ 1?pq-origsite=gscholar&cbl=1006393
- Aguas, L., Suarez, L., Coral, R., & Machay, B. (2023). Modelagem 3D de cúpula de liberdade para ambientes virtuais. Em Tendências em Inteligência Artificial e Engenharia da Computação (pp. 548-560). Springer Nature Suíça.

1. **TÓPICO:** Jogo de pingue-pongue em Unity

2. **OBJECTIVOS:**

- Familiarizar-se com o Unity enquanto plataforma abrangente para o desenvolvimento de conteúdos interactivos 3D em tempo real.
- Analisar a interface Unity.

3. **INTRODUÇÃO:**

O jogo Pong é um dos primeiros jogos de vídeo de arcada e pode ser considerado o precursor dos jogos de vídeo modernos. Trata-se de uma simulação de ténis bidimensional simples, em que os jogadores controlam pás que se movem verticalmente nas extremidades do ecrã para bater uma bola para o lado do adversário. O objetivo é evitar que a bola passe pelo seu lado, enquanto tentam fazer com que a bola passe pelo lado do adversário. Foi criado na década de 1970 e alcançou grande popularidade, marcando o início da indústria dos videojogos.

O jogo Pong em Unity é uma recriação digital do clássico jogo de ping pong. Dois jogadores controlam varas (pás) no ecrã, com o objetivo de acertar numa bola e enviá-la para o lado do adversário sem que este a possa devolver. O jogador marca um ponto quando a bola passa pelo lado do adversário e não é devolvida.

Para o implementar em Unity, configuramos um projeto 2D, criamos os sprites para a bola e as pás, adicionamos física com RigidBody2D e BoxCollider2D e programamos o movimento e a lógica do jogo com scripts C#.

4. **DESENVOLVIMENTO:**

Abrimos o Unity e criamos um novo projeto.

Em seguida, em MainCamera, selecione o fundo a preto

Criamos um novo com o nome Ball

Colocamos no Inspetor

Duplicamos

Mudamos o nome para Paddle1, e no inspetor colocamos

Duplicamos a Palheta1, colocamos o nome Palheta2 e no inspetor colocamos

Duplicamos a Paddle2 e chamamos-lhe TopWall e, em Inspetor, colocamos

Duplicamos a TopWall e chamamos-lhe BottonWall e, em Inspetor, colocamos

Duplicamos o BottonWall e chamamos-lhe Goal1 e no Inspetor colocamos

Duplicamos o Objectivo1 e chamamos-lhe Objectivo2 e, em Inspetor, colocamos

Duplicamos o Objectivo2 e chamamos-lhe MiddleLine e, em Inspetor, colocamos

Criamos um script com o nome Ball

Colocamos o seguinte código, fazendo duplo clique sobre ele

```
utilizando System.Collections;
utilizando System.Collections.Generic;
utilizando o UnityEngine;
public class Bola : MonoBehaviour
{
[SerializeField] private float initialVelocity = 4f;
[SerializeField] private float VelocityMultiplier = 1.1f;
private Rigidbody2D ballRb;
void Start()
{
ballRb = GetComponent<Rigidbody2D>();
Launch();
}
private void Launch()
{
float xVelocity = Random.Range(0,2) ==0 ? 1 : -1;
float yVelocity = Random.Range(0,2) == 0 ? 1 : -1;
ballRb.velocity=new Vector2(xVelocity,yVelocity)*initialVelocity;
}
private void onCollisionEnter2D(Collision2D collision)
{
ballRb.velocity*= VelocityMultiplier;
}
void Atualizar()
{
}
}
```

Criamos outro script com o nome Paddle

Em seguida, fazemos duplo clique e introduzimos o seguinte código

```
utilizando System.Collections;
utilizando System.Collections.Generic;
utilizando o UnityEngine;
public class Paddle : MonoBehaviour
{
[SerializeField] private float speed = 7f;
```

```
[SerializeField] private bool isPaddle1;
private float yBound = 3.75f;
void Atualizar()
{
movimento de flutuação;
se(isPaddle1)
{
movimento = Input.GetAxisRaw("Vertical");
}
senão
{
movimento = Input.GetAxisRaw("Vertical2");
}
Vector2 paddlePosition = transform.position;
paddlePosition.y = Mathf.Clamp(paddlePosition.y + movement * speed *
Time.deltaTime, -yBound, yBound);
transform.position = paddlePosition;
}
}
```

Colocamos o nome de Bouncy e em Inspetor colocamos
Selecione Ball e adicione um componente Box Collider 2D e RigidBody2D
No Box Collider 2D e no RigidBody2D colocamos o material Bouncy e o RigidBody2D na Deteção de Colisão que é Contínua.
Acrescentamos outro componente.
Na Paddle1 e na Paddle2 adicionamos um componente Box Collider 2D e RigidBody2D.
Arraste o guião Paddle **para** Paddle1 e Paddle2.
Em seguida, em Paddle1
Selecione TopWall e adicione um componente Box Collider 2D.
Selecione BottonWall e adicione um componente Box Collider 2D.
Selecione Goall e adicione um componente Box Collider 2D.
Selecione Meta2 e adicione um componente Box Collider 2D.
No Objetivo 1 e no Objetivo 2, marcamos
Em Paddle1 e Paddle2, seleccionamos Kinematic
Vamos lá:

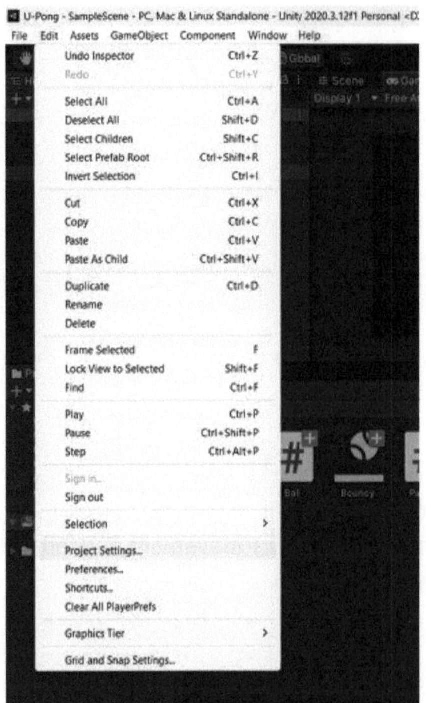

5. VISUALIZAÇÃO

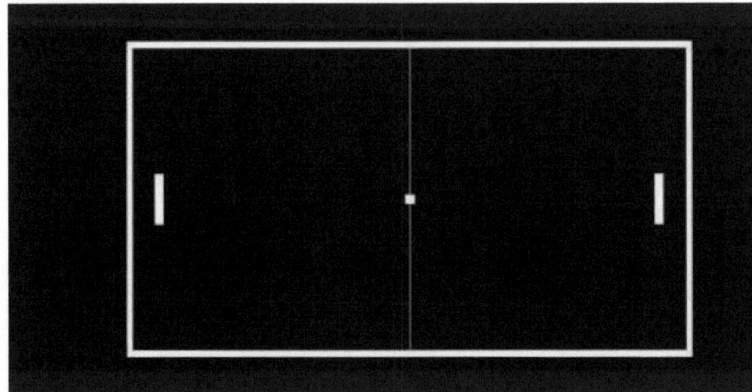

6. CONCLUSÕES:

A implementação do jogo Pong em Unity pode oferecer várias conclusões interessantes:

- **Aprender física e controlos:** Implementar o Pong em Unity é uma excelente oportunidade para aprender sobre o sistema de física de Unity, especialmente como os objectos interagem e reagem às colisões. Também lhe permite praticar a criação de controlos de utilizador responsivos e suaves.

- **Game Programming Fundamentals:** Pong é um projeto ideal para principiantes, uma vez que abrange muitos dos conceitos básicos da programação de jogos, tais como loops de jogo, estados de jogo e tratamento de eventos.
- **Otimização e desempenho:** Embora o Pong seja um jogo simples, otimizar o desempenho e garantir que funciona sem problemas pode ser um bom exercício. Isto inclui a gestão eficiente da memória e a otimização do código.
- **Criatividade e expansão:** Uma vez dominada a versão básica do Pong, há muito espaço para a criatividade. Podem ser acrescentadas funcionalidades adicionais, como power-ups, diferentes modos de jogo e gráficos melhorados, o que pode levar a uma compreensão mais profunda do Unity e do desenvolvimento de jogos em geral.

7. BIBLIOGRAFIA(A:

- Bucheli Waters, L. F. (2023a). Dominando a programação orientada a objetos com Java no NetBeans. Editora Nosso Conhecimento.
- Aguas Bucheli, L. F. (2023b). Mão na Massa: Práticas de Laboratório em Estruturas de Dados. Editora Nosso Saber.
- Aguas, L., Recalde, H., Toasa, R., & Salazar, E. (2023). Projeto de um videogame aplicando uma arquitetura em camadas baseada no framework unity. Em Lecture Notes in Networks and Systems (pp. 535-550). Springer International Publishing.
- Aguas, L. (2023). Modelação 3D do Estádio OKmpico Atahualpa utilizando a metodologia de design hipermédia. Proquest.com. https://proquest.com/openview/dc587bdc2c3025c64fc7f9f423a34c38/Ppq-origsite=gscholar&cbl=1006393
- Aguas, L., Suarez, L., Coral, R., & Machay, B. (2023). Modelagem 3D de cúpula de liberdade para ambientes virtuais. Em Tendências em Inteligência Artificial e Engenharia Informática (pp. 548-560). Springer Nature Suíça.

1. **TÓPICO:** Inserção de caracteres
2. **OBJECTIVOS:**

- Familiarizar-se com o Unity enquanto plataforma abrangente para o desenvolvimento de conteúdos interactivos 3D em tempo real.
- Analisar a interface Unity.

3. **INTRODUÇÃO:**

Os componentes 3D em Unity são os utilizados para manipular objectos e criar efeitos visuais num ambiente tridimensional. Eis alguns dos componentes 3D mais comuns em Unity:

- **Transform:** Este é o componente básico que todos os GameObjects têm em Unity. Controla a posição, a rotação e a escala do objeto no espaço 3D.
- **Mesh Renderer:** Este componente permite que um objeto seja renderizado na cena Unity. Define como o objeto é renderizado, incluindo materiais, texturas e iluminação.
- **Filtro de Malha:** Este componente é utilizado para especificar a forma geométrica de um objeto 3D. É utilizado para anexar malhas a GameObjects para definir a sua forma.
- **Colisor: Os colisores** são componentes utilizados para detetar colisões entre objectos na cena. Podem ser formas geométricas simples, como cubos, esferas ou cápsulas, ou podem ser malhas mais complexas.
- **Rigidbody:** Este componente é utilizado para simular a física em GameObjects. Adicionar um Rigidbody permite que um objeto responda à gravidade, à força e a outras forças físicas.
- **Animator:** Este componente é utilizado para controlar as animações de um GameObject. Permite a reprodução de animações criadas em Unity, como andar, correr, saltar, etc.
- **Luz:** Os componentes de luz são utilizados para iluminar a cena. Podem ser luzes direcionais, de spot, de área ou de ponto e afectam o aspeto dos objectos na cena.
- **Fonte de áudio:** Este componente é utilizado para reproduzir sons num GameObject. Pode ser utilizado para adicionar efeitos sonoros a objectos na cena.
- **Sistema de partículas:** Este componente é utilizado para criar e controlar efeitos de partículas, como fogo, fumo, faíscas, etc. É muito útil para criar efeitos visuais complexos e dinâmicos.

Exportar o objeto do Blender:

- Abra o seu projeto no Blender.
- Selecione o objeto que pretende exportar.
- Aceda ao menu "Ficheiro" e selecione "Exportar".
- Escolha o seu formato de ficheiro preferido. O formato FBX é normalmente utilizado para exportar modelos 3D para o Unity. Também pode utilizar outros formatos, como OBJ.
- Configure as opções de exportação de acordo com as suas necessidades e guarde o ficheiro numa localização acessível.

Importar o objeto para o Unity:

- No Unity, abra o seu projeto.
- Navegue até à pasta onde guardou o ficheiro exportado do Blender.
- Clique com o botão direito do rato na pasta "Assets" (Activos) na janela "Project" (Projeto) e selecione "Import New Asset" (Importar novo ativo).
- Selecione o ficheiro FBX (ou o formato que escolher) que exportou do Blender e clique em "Importar".
- O Unity importará o ficheiro e colocá-lo-á no seu projeto.

Utilize o objeto na sua cena:

- Uma vez importado, pode arrastar e largar o objeto da janela Projeto para a sua cena na janela Hierarquia ou Cena.
- Também pode instanciar o objeto na sua cena a partir do menu "GameObject" na barra de ferramentas, selecionando "3D Object" e depois o objeto correspondente.

Ajustar a configuração conforme necessário:

- Quando o objeto estiver na cena, pode ajustar a sua posição, rotação e escala utilizando as ferramentas de manipulação na cena.
- Pode aplicar materiais e texturas ao objeto conforme necessário.

4. DESENVOLVIMENTO:

Abrimos o Unity e criamos um novo projeto.

Descarregamos um componente de:

https://mega.nz/folder/yAtUXAqK#QdQ4LJKWxPwhHsiAWhTgqg

Clique na área Activos, tendo:

Importamos o novo Ativo

Arrastar o componente para o cenário

Expandir a pasta do objeto adicionado

Clicamos na personagem e colocamos no inspetor

Criamos um novo script

Colocamos o seguinte código

```
utilizando o UnityEngine;
public class AnimationPersonage : MonoBehaviour
{
private Animator animator; // Referência à componente Animator
private Rigidbody rb; // Referência ao componente Rigidbody
public float velocityMovement = 5.0f; // Velocidade de movimento da personagem
void Start()
{
// Obter referências aos componentes necessários
animator = GetComponent<Animator>();
rb = GetComponent<Rigidbody>();
}
void Atualizar()
{
// Obter a entrada de movimento horizontal e vertical
float movementHorizontal = Input.GetAxis("Horizontal");
float movementVertical = Input.GetAxis("Vertical");
// Atualizar a velocidade do corpo rígido com base na entrada
Vector3 movimento = novo Vector3(movimentoHorizontal, 0.0f, movimentoVertical);
rb.velocity = movimento * velocityMovement;
// Se a personagem estiver em movimento, ativa a animação de caminhada.
se (movimento.magnitude > 0)
{
animator.SetBool("Walking", true);
}
else // Se não estiver em movimento, desativar a animação de marcha
{
animator.SetBool("Walking", false);
}
}
}
```

Ter

Arrastar o script para o objeto 3d

De seguida, adicionamos o componente RigidBody

De seguida, adicionamos o componente Animator

E se clicarmos no botão de reprodução, podemos ver que ele se move verticalmente.

Criamos outro script

```
utilizando o UnityEngine;
public class WalkingPersonage : MonoBehaviour
{
public float velocity = 2.0f; // Velocidade de movimento da personagem
public float velocityRotation = 100.0f; // Velocidade de rotação do carácter
private Animator animator; // Referência à componente Animator
void Start()
{
// Obter o componente Animator do GameObject animator =
GetComponent<Animator>();
}
void Atualizar()
{
// Obter entrada de movimento horizontal e vertical
float movementHorizontal = Input.GetAxis("Horizontal");
float movementVertical = Input.GetAxis("Vertical");
// Calcular o vetor de movimento com base na entrada do jogador
Vector3 movimento = novo Vector3(movimentoHorizontal, 0.0f,
movimentoVertical);
// Normaliza o vetor de movimento para manter uma velocidade constante se
o jogador se estiver a mover na diagonal.
movimento = movimento.normalizado;
// Rodar o carácter na direção do movimento
se (movimento != Vector3.zero)
{
Quaternion rotation = Quaternion.LookRotation(motion);
transform.rotation = Quaternion.RotateTowards(transform.rotation, rotation,
rotationSpeed * Time.deltaTime);
}
// Aplicar movimento à personagem
transform.Translate(motion * velocity * Time.deltaTime, Space.World);
// Atualizar o parâmetro de animação "Velocidade" no Animador
float velocityAnimation = movement.magnitude;
```

```
animator.SetFloat("Speed", speedAnimation);
}
}
```

Ter:

Criamos um controlador de animação

Com o nome CharacterController

Seleccionamos o componente anterior e criamos um novo estado com o nome de walk

Criamos uma máscara de avatar

Criamos novas animações

Em seguida, clique em reproduzir.

5. CONCLUSÕES:

- A animação de objectos em Unity 3D é uma parte essencial do processo de desenvolvimento de jogos e aplicações interactivas. O Unity oferece uma vasta gama de ferramentas e técnicas para animar objectos, permitindo aos programadores criar uma variedade de efeitos visuais e comportamentos para os seus jogos e aplicações.
- O Unity fornece um conjunto de ferramentas de animação integradas, como o sistema Mecanim para personagens humanóides e o sistema de partículas para efeitos visuais, que permitem aos programadores criar animações complexas de forma eficiente.
- Os objectos em Unity podem ser animados de forma programática utilizando scripts C# ou JavaScript. Isto dá aos programadores um controlo preciso sobre o comportamento da animação e a capacidade de criar animações interactivas e dinâmicas.
- É importante otimizar as animações em Unity para garantir um desempenho ótimo, especialmente em dispositivos móveis e plataformas de baixa potência. Isto pode incluir a utilização de técnicas como a utilização de animações acionadas por eventos e a redução do número de vértices em malhas animadas para minimizar o custo computacional.
- Em suma, animar objectos em Unity 3D é uma tarefa fundamental para criar experiências visuais envolventes e interactivas em jogos e aplicações. Com as ferramentas e técnicas certas, os programadores podem obter uma grande variedade de efeitos visuais e comportamentos animados nos seus projectos.

6. BIBLIOGRAFIA(A:

- Bucheli Waters, L. F. (2023a). Dominando a programação orientada a

objetos com Java no NetBeans. Editora Nosso Conhecimento.
• Aguas Bucheli, L. F. (2023b). Mão na Massa: Práticas de Laboratório em Estruturas de Dados. Editora Nosso Saber.
• Aguas, L., Recalde, H., Toasa, R., & Salazar, E. (2023). Projeto de um videogame aplicando uma arquitetura em camadas baseada no framework unity. Em Lecture Notes in Networks and Systems (pp. 535-550). Springer International Publishing.
• Aguas, L. (2023). Modelação 3D do Estádio OKmpico Atahualpa utilizando a metodologia de design hipermédia. Proquest.com. https://proquest.com/openview/dc587bdc2c3025c64fc7f9f423a34c38/Ppq-origsite=gscholar&cbl=1006393
• Aguas, L., Suarez, L., Coral, R., & Machay, B. (2023). Modelagem 3D de cúpula de liberdade para ambientes virtuais. Em Tendências em Inteligência Artificial e Engenharia Informática (pp. 548-560). Springer Nature Suíça.

1. **TÓPICO:** Loja de activos
2. **OBJECTIVOS:**

• Familiarizar-se com o Unity enquanto plataforma abrangente para o desenvolvimento de conteúdos 3D interactivos em tempo real.
• Analisar a interface Unity.

3. **INTRODUÇÃO:**

Os componentes 3D em Unity são os utilizados para manipular objectos e criar efeitos visuais num ambiente tridimensional. Eis alguns dos componentes 3D mais comuns em Unity:

• **Transform:** Este é o componente básico que todos os GameObjects têm em Unity. Controla a posição, a rotação e a escala do objeto no espaço 3D.
• **Mesh Renderer:** Este componente permite que um objeto seja renderizado na cena Unity. Define como o objeto é renderizado, incluindo materiais, texturas e iluminação.
• **Filtro de Malha:** Este componente é utilizado para especificar a forma geométrica de um objeto 3D. É utilizado para anexar malhas a GameObjects para definir a sua forma.
• **Colisor: Os colisores** são componentes utilizados para detetar colisões entre objectos na cena. Podem ser formas geométricas simples, como cubos, esferas ou cápsulas, ou podem ser malhas mais complexas.
• **Rigidbody:** Este componente é utilizado para simular a física nos GameObjects. Adicionar um Rigidbody permite que um objeto responda à

gravidade, à força e a outras forças físicas.

- **Animator:** Este componente é utilizado para controlar as animações de um GameObject. Permite a reprodução de animações criadas em Unity, como andar, correr, saltar, etc.
- **Luz:** Os componentes de luz são utilizados para iluminar a cena. Podem ser luzes direcionais, de spot, de área ou de ponto e afectam o aspeto dos objectos na cena.
- **Fonte de áudio:** Este componente é utilizado para reproduzir sons num GameObject. Pode ser utilizado para adicionar efeitos sonoros a objectos na cena.
- **Sistema de partículas:** Este componente é utilizado para criar e controlar efeitos de partículas, como fogo, fumo, faíscas, etc. É muito útil para criar efeitos visuais complexos e dinâmicos.

Exportar o objeto do Blender:

- Abra o seu projeto no Blender.
- Selecione o objeto que pretende exportar.
- *Aceda* ao menu "Ficheiro" e selecione "Exportar".
- Escolha o seu formato de ficheiro preferido. O formato FBX é normalmente utilizado para exportar modelos 3D para o Unity. Também pode utilizar outros formatos, como OBJ.
- Configure as opções de exportação de acordo com as suas necessidades e guarde o ficheiro numa localização acessível.

Importar o objeto para o Unity:

- No Unity, abra o seu projeto.
- Navegue até à pasta onde guardou o ficheiro exportado do Blender.
- Clique com o botão direito do rato na pasta "Assets" (Activos) na janela "Project" (Projeto) e selecione "Import New Asset" (Importar novo ativo).
- Selecione o ficheiro FBX (ou o formato que escolher) que exportou do Blender e clique em "Importar".
- O Unity importará o ficheiro e colocá-lo-á no seu projeto.

Utilize o objeto na sua cena:

- Uma vez importado, pode arrastar e largar o objeto da janela Projeto para a sua cena na janela Hierarquia ou Cena.
- Também pode instanciar o objeto na sua cena a partir do menu "GameObject" na barra de ferramentas, selecionando "3D Object" e depois o objeto correspondente.

Ajustar as definições conforme necessário:

- Quando o objeto estiver na cena, pode ajustar a sua posição, rotação e escala utilizando as ferramentas de manipulação na cena.
- Pode aplicar materiais e texturas ao objeto conforme necessário.

4. DESENVOLVIMENTO:

Iniciar sessão em assetstore.unity.com

Vamos aos filtros

Clique em Adicionar aos meus activos.

Ser-lhe-á pedido que crie uma conta

Em seguida, clique novamente em Adicionar aos meus activos.

Em seguida, abrir no Unity

Em seguida, criamos um novo projeto 2d, com o nome de personagem

Vamos para o Package Manager

Clique em Descarregar

Em seguida, clique em importar

Seleccionamos todos os

Em seguida, em Importar

Entramos:

https://assetstore.unity.com/packages/2d/characters/simple-2d-platformer-assets-pack-188518

Procuramos este Ativo

Anadimos

Descarregar e importar

De seguida, renomeamos o próximo com o nome Player

Ter

Adicionamos um BoxCollider2D

Adicionamos um Rigibody2D

Seleccionamos Contínuo

Damos Freeze em Z

Criamos um script com o nome Movimento

```
utilizando System.Collections;
utilizando System.Collections.Generic;
utilizando o UnityEngine;
public class MovementPlayer : MonoBehaviour
{
private Rigidbody2D rb2D;
[Cabeçalho("Movimento")]
float privado float movementHorizontal = 0f;
[SerializeField] private float velocityOfMovement;
[SerializeField] private float smoothedFromMotion;
private Vector3 velocity=Vector3.zero;
private bool lookingRight = true;
private void Start()
{
rb2D = GetComponent<Rigidbody2D>();
private void Update() {
movementHorizontal = Input.GetAxisRaw("Horizontal") movementSpeed;
} private void FixedUpdate() {
//Mover
Mover(horizontalMovement * Time.fixedDeltaTime);
private void Mover(float mover) {
Vector3 velocityTarget= new Vector2(move,rb2D.velocity.y);
rb2D.velocity=Vector3.SmoothDamp(rb2D.velocity,velocityTarget,velocityref,S
moothMotionSmoothing);
```

```
se(move > 0 && !lookingRight)
{
/Virar
Rodar();
}
else if(moving < 0 && lookingRight) {
/Virar
Rodar();
}
}
private void Rotate()
{
direita do olhar = !direita do olhar;
Vector3 scale = transform.localScale;
escala.x *= -1;
transform.localScale = scale;
}
}
```

Criamos um ficheiro Vazio

Renomear como: FloorController

Incluímos no guião

```
[Cabeçalho("Salto")]
[SerializeField] private float forceFromJump;
[SerializeField] private LayerMask thatIsFloor;
[SerializeField] private Transform controllerFloor;
[SerializeField] private Vector3 dimensionsBox;
[SerializeField] private bool enSuelo;
private bool jump=false;
```

Em seguida, fazemos outras alterações, tendo: using System.Collections;

```
utilizando System.Collections.Generic;
utilizando o UnityEngine;
public class MovementPlayer : MonoBehaviour
{
private Rigidbody2D rb2D;
[Cabeçalho("Movimento")]
float privado float movementHorizontal = 0f;
[SerializeField] private float velocityOfMovement;
```

```
[SerializeField] private float smoothedFromMotion;
private Vector3 velocity=Vector3.zero;
private bool lookingRight = true;
[Cabeçalho("Salto")]
[SerializeField] private float forceFromJump;
[SerializeField] private LayerMask thatIsFloor;
[SerializeField] private Transform controllerFloor;
[SerializeField] private Vector3 dimensionsBox;
[SerializeField] private bool enSuelo;
private bool jump=false;
private void Start()
{
rb2D = GetComponent<Rigidbody2D>();
}
private void Update()
{
movementHorizontal = Input.GetAxisRaw("Horizontal") * movementSpeed;
se (Input.GetButtonDown("Jump"))
{
saltar = verdadeiro;
}
}
private void FixedUpdate()
{
inFloor = Physics2D.OverlapBox(controllerFloor.position, boxDimensions, 0f,
whichFloor.position);
//Mover
Move(horizontalMovement * Time.fixedDeltaTime,jump);
salto = falso;
}
private void Mover(float move,bool jump)
{
Vector3 velocityTarget= new Vector2(move,rb2D.velocity.y);
rb2D.velocity=Vector3.SmoothDamp(rb2D.velocity,velocityTarget,velocityref,S
moothMotionSmoothing);
se(move > 0 && !lookingRight)
{
```

```
/Virar
Rodar();
}
else if(move < 0 && lookingRight) {
/Virar
Rodar();
}
se(enSuelo && skip)
{
enSuelo = false;
rb2D.AddForce(new Vector2(0f, jumpForce));
}
}
private void Rotate()
{
direita do olhar = !direita do olhar;
Vector3 scale = transform.localScale;
escala.x *= -1;
transform.localScale = scale;
}
private void OnDrawGizmos()
{
Gizmos.colour = Color.yellow;
Gizmos.DrawWireCube(controllerFloor.position, BoxDimensions);
}
}
```

No chão:

Vamos ao Controlador de Solos

Premir o play

5. BIBLIOGRAFIA^A:

- Bucheli Waters, L. F. (2023a). Dominando a programação orientada a objetos com Java no NetBeans. Editora Nosso Conhecimento.
- Aguas Bucheli, L. F. (2023b). Mão na Massa: Práticas de Laboratório em Estruturas de Dados. Editora Nosso Saber.
- Aguas, L., Recalde, H., Toasa, R., & Salazar, E. (2023). Projeto de um videogame aplicando uma arquitetura em camadas baseada no framework unity. Em Lecture Notes in Networks and Systems (pp. 535-550). Springer

International Publishing.
- Aguas, L. (2023). Modelação 3D do Estádio OKmpico Atahualpa utilizando a metodologia de design hipermédia. Proquest.com. https://proquest.com/openview/dc587bdc2c3025c64fc7f9f423a34c38/Ppq-origsite=gscholar&cbl=1006393
- Aguas, L., Suarez, L., Coral, R., & Machay, B. (2023). Modelagem 3D de cúpula de liberdade para ambientes virtuais. Em Tendências em Inteligência Artificial e Engenharia Informática (pp. 548-560). Springer Nature Suíça.

PRÁTICAS AVANÇADAS

Prática 1: Inteligência Artificial para NPCs

Tema

Implementação de comportamentos de inteligência artificial (IA) para personagens não-jogadores (NPCs).

Objectivos

- Compreender os conceitos de inteligência artificial nos jogos.
- Implementar rotas de navegação e movimento autónomo para NPCs.
- Aplicar técnicas comportamentais como o seguimento, o patrulhamento e a evasão.

Desenvolvimento

1. **Introdução à IA em Unity**
   - Breve explicação dos conceitos básicos de IA nos videojogos.
   - Descrição dos componentes de navegação e da sua configuração.
2. **Configuração do cenário**
   - Criar um terreno adequado para a navegação do NPC.
   - Definir obstáculos e áreas navegáveis utilizando o sistema NavMesh.
3. **Implementação de movimentos autónomos**
   - Adicionar o componente NavMeshAgent aos NPCs.
   - Estabelecer itinerários de patrulha e pontos de interesse.
   - Escrever scripts em C# para controlar os comportamentos de rastreio e evasão.
4. **Simulação e teste**
   - Executar a cena e observar os comportamentos dos NPCs.
   - Ajustar os parâmetros de navegação e de comportamento para otimizar a IA.

BIBLIOGRAFIA^A:

- Bucheli Waters, L. F. (2023a). Dominando a programação orientada a objetos com Java no NetBeans. Editora Nosso Conhecimento.
- Aguas Bucheli, L. F. (2023b). Mão na Massa: Práticas de Laboratório em

Estruturas de Dados. Editora Nosso Saber.
- Aguas, L., Recalde, H., Toasa, R., & Salazar, E. (2023). Projeto de um videogame aplicando uma arquitetura em camadas baseada no framework unity. Em Lecture Notes in Networks and Systems (pp. 535-550). Springer International Publishing.
- Aguas, L. (2023). Modelação 3D do Estádio OKmpico Atahualpa utilizando a metodologia de design hipermédia. Proquest.com. https://proquest.com/openview/dc587bdc2c3025c64fc7f9f423a34c38/Ppq-origsite=gscholar&cbl=1006393
- Aguas, L., Suarez, L., Coral, R., & Machay, B. (2023). Modelagem 3D de cúpula de liberdade para ambientes virtuais. Em Tendências em Inteligência Artificial e Engenharia da Computação (pp. 548-560). Springer Nature Suíça.

Prática 2: Realidade aumentada com AR Foundation

Tema

Desenvolvimento de aplicações de realidade aumentada (RA) utilizando a AR Foundation.

Objectivos

- Familiarizar-se com os conceitos básicos da realidade aumentada.
- Configurar um projeto Unity para AR.
- Implementar elementos de RA, como a deteção de superfícies e a ancoragem de objectos virtuais.

Desenvolvimento

1. **Introdução ao AR Foundation**
   - Explicação dos conceitos básicos da realidade aumentada.
   - Instalação e configuração do AR Foundation no Unity.
2. **Configuração do projeto**
   - Criar um novo projeto Unity configurado para AR.
   - Importar e configurar o pacote AR Foundation.
3. **Implementação das funcionalidades de AR**
   - Configurar a câmara AR e o sistema de deteção de superfícies.
   - Adicionar scripts para ancorar objectos virtuais no mundo real.
   - Implementar interações básicas, como tocar para colocar objectos.
4. **Teste de dispositivos**
   - Implementar e testar a aplicação em dispositivos móveis compatíveis.
   - Fazer ajustamentos e optimizações com base nas provas.

BIBLIOGRAFIA^A:

- Bucheli Waters, L. F. (2023a). Dominando a programação orientada a objetos com Java no NetBeans. Editora Nosso Conhecimento.

- Aguas Bucheli, L. F. (2023b). Mão na Massa: Práticas de Laboratório em Estruturas de Dados. Editora Nosso Saber.
- Aguas, L., Recalde, H., Toasa, R., & Salazar, E. (2023). Projeto de um videogame aplicando uma arquitetura em camadas baseada no framework unity. Em Lecture Notes in Networks and Systems (pp. 535-550). Springer International Publishing.
- Aguas, L. (2023). Modelação 3D do Estádio OKmpico Atahualpa utilizando a metodologia de design hipermédia. Proquest.com. https://proquest.com/openview/dc587bdc2c3025c64fc7f9f423a34c38/Ppq-origsite=gscholar&cbl=1006393
- Aguas, L., Suarez, L., Coral, R., & Machay, B. (2023). Modelagem 3D de cúpula de liberdade para ambientes virtuais. Em Tendências em Inteligência Artificial e Engenharia da Computação (pp. 548-560). Springer Nature Suíça.

Prática 3: Multijogadores em Lmea com Photon

Tema

Desenvolvimento de jogos multijogador em Knea utilizando Photon Unity Networking (PUN).

Objectivos

- Compreender os princípios do desenvolvimento multijogadores.
- Configurar um projeto Unity para utilizar o Photon.
- Implementar funcionalidades multijogador, como salas de espera, sincronização de objectos e chat.

Desenvolvimento

1. **Introdução ao fotão**
   - Explicação dos conceitos básicos do desenvolvimento multijogador.
   - Descrição do Photon e das suas caraterísticas.
2. **Configuração do projeto**
   - Criar um novo projeto Unity e configurar o Photon.
   - Registar uma aplicação Photon e obter as credenciais necessárias.
3. **Implementação de funcionalidades multijogador**
   - Criar e juntar salas de espera.
   - Sincronizar o movimento e o estado dos objectos entre jogadores.
   - Implementar um sistema básico de conversação.
4. **Testes e otimização**
   - Execute a aplicação em vários dispositivos para testar a funcionalidade multijogador.

o Fazer ajustes para otimizar a latência e a sincronização.

BIBLIOGRAFIA^A:

• Bucheli Waters, L. F. (2023a). Dominando a programação orientada a objetos com Java no NetBeans. Editora Nosso Conhecimento.

• Aguas Bucheli, L. F. (2023b). Mão na Massa: Práticas de Laboratório em Estruturas de Dados. Editora Nosso Saber.

• Aguas, L., Recalde, H., Toasa, R., & Salazar, E. (2023). Projeto de um videogame aplicando uma arquitetura em camadas baseada no framework unity. Em Lecture Notes in Networks and Systems (pp. 535-550). Springer International Publishing.

• Aguas, L. (2023). Modelação 3D do Estádio OKmpico Atahualpa utilizando a metodologia de design hipermédia. Proquest.com. https://proquest.com/openview/dc587bdc2c3025c64fc7f9f423a34c38/Ppq-origsite=gscholar&cbl=1006393

• Aguas, L., Suarez, L., Coral, R., & Machay, B. (2023). Modelagem 3D de cúpula de liberdade para ambientes virtuais. Em Tendências em Inteligência Artificial e Engenharia da Computação (pp. 548-560). Springer Nature Suíça.

Prática 4: Shaders personalizados com o Shader Graph

Tema

Criação e implementação de shaders personalizados utilizando o Shader Graph.

Objectivos

- Compreender os conceitos básicos de shaders e o seu funcionamento.
- Use o Shader Graph para criar shaders visualmente.
- Implementar e aplicar sombreadores personalizados em materiais e objectos.

Desenvolvimento

1. **Introdução aos Shaders**

o Explicação do que são shaders e da sua importância nos gráficos dos jogos.

o Descrição dos tipos de shaders e do seu funcionamento básico.

2. **Configuração do projeto**

o Crie um novo projeto Unity e configure o ambiente para o Shader Graph.

o Instale e configure o pacote Shader Graph.

3. **Criação de sombreadores personalizados**

o Utilizar o Shader Graph para criar efeitos visuais como água, fogo e nevoeiro.

o Configurar nós e propriedades para ajustar o comportamento do sombreador.

- o Aplicar shaders a materiais e objectos na cena.

4. **Testes e ajustamentos**

- o Visualizar e testar os efeitos em diferentes condições de iluminação e de câmara.
- o Efetuar ajustes aos nós e propriedades para melhorar os efeitos visuais.

BIBLIOGRAFIA^A:

- Bucheli Waters, L. F. (2023a). Dominando a programação orientada a objetos com Java no NetBeans. Editora Nosso Conhecimento.
- Aguas Bucheli, L. F. (2023b). Mão na Massa: Práticas de Laboratório em Estruturas de Dados. Editora Nosso Saber.
- Aguas, L., Recalde, H., Toasa, R., & Salazar, E. (2023). Projeto de um videogame aplicando uma arquitetura em camadas baseada no framework unity. Em Lecture Notes in Networks and Systems (pp. 535-550). Springer International Publishing.
- Aguas, L. (2023). Modelação 3D do Estádio OKmpico Atahualpa utilizando a metodologia de design hipermédia. Proquest.com. https://proquest.com/openview/dc587bdc2c3025c64fc7f9f423a34c38/Ppq-origsite=gscholar&cbl=1006393
- Aguas, L., Suarez, L., Coral, R., & Machay, B. (2023). Modelagem 3D de cúpula de liberdade para ambientes virtuais. Em Tendências em Inteligência Artificial e Engenharia da Computação (pp. 548-560). Springer Nature Suíça.

Printed by Books on Demand GmbH, Norderstedt / Germany